# 2013 HOME SPACE MODELS INTEGRATION

# 家居空间模型集成

叶斌 叶猛 著

華廣國東

## NEOCLASSICISM & NEW CHINESE STYLE

## 新古典 新中式风格

海峡出版发行集团 THE STRAITS PUBLISHING & DISTRIBUTING GROUP | 福建科学技术出版社 FUJIAN SCIENCE & TECHNOLOGY PUBLISHING HOUSE

# 作者简介 AUTHOR PROFILE

叶 斌 / Ye Bin

高级建筑师
国广一叶装饰机构首席设计师
福建农林大学兼职教授
南京工业大学建筑系建筑学学士
北京大学 EMBA
中国建筑学会室内设计分会理事
中国建筑装饰协会理事

Senior Architect
Chief Architect of Guoguangyiye Decoration Group
Adjunct Professor of Fujian Agriculture and Forestry University
B. Arch from Nanjing Industry University
EMBA from Beijing University
Councilor Member of China Institute of Interior Design
Councilor Member of China Building Decoration Association

## 著作

1. 《室内设计图典》（1、2、3）
2. 《装饰设计空间艺术·家居装饰》（1、2、3）
3. 《装饰设计空间艺术·公共建筑装饰》
4. 《建筑外观细部图典》
5. 《国广一叶室内设计模型库·家居装饰》（1、2、3）
6. 《国广一叶室内设计模型库·公建装饰》
7. 《国广一叶室内设计》
8. 《国广一叶室内设计模型库构成元素》（1、2）
9. 《室内设计立面构图艺术》系列
10. 《国广一叶室内设计·家居装饰（一）》
11. 《国广一叶室内设计模型库》系列
12. 《打造新家居》系列
13. 《家居装饰·平面设计概念集成》
14. 《原创家居》系列
15. 《空间模型》系列
16. 《概念家居》
17. 《概念空间》
18. 《国广一叶家居装饰》系列
19. 《室内设计图像模型》系列
20. 《细解家居》系列
21. 《2009 室内设计模型》系列（5 册）
22. 《1000 例背景墙设计》
23. 《2010 家居空间模型》系列（3 册）
24. 《2010 公共空间模型》系列（2 册）
25. 《2011 家居空间模型》系列（3 册）
26. 《2011 公共空间模型》
27. 《最给力家装》系列（6 册）
28. 《2012 室内设计模型集成》系列（5 册）

## 荣誉

当选 2009 年“金羊奖”中国十大室内设计师
当选中国建筑装饰行业建国 60 年百名功勋人物
当选 1989~2009 年中国杰出室内设计师
当选 1997~2007 年中国家装十年最具影响力精英领袖
当选 1989~2004 年全国百位优秀室内建筑师
当选 2004 年度中国杰出中青年设计师
当选 2004 年度中国室内设计师十大封面人物
当选 2002 年福建省室内设计十大影响人物（第一席位）

## 获奖设计作品

|  |  |
|---|---|
| 福建洲际国际酒店 | 2012 年第二届亚太酒店设计大赛金奖 |
| 前线共和广告 | 2012 年第十五届中国室内设计大奖赛金奖 |
| 瑞莱春堂福州三坊七巷店 | 2012 年“照明周刊杯”中国照明应用设计大赛一等奖 |
| 前线共和广告 | 2011 年第九届中国国际室内设计双年展金奖 |
| 福州情·聚春园 | 2011 年第九届中国国际室内设计双年展银奖 |
| 宁化世界客家文化交流中心 | 2011 年第九届中国国际室内设计双年展铜奖 |
| 一信（福建）投资 | 2011 年第十四届中国室内设计大奖赛金奖 |
| 福建科大永合医疗机构 | 2011 年中国最成功设计大赛最成功设计奖 |
| 连江贵安海峡文化村酒店 | 2011 年中国（上海）设计节“金外滩”最佳概念设计奖 |
| 素丽娅泰水疗会所 | 2010 年第八届中国室内设计双年展金奖 |
| 摩卡小镇售楼中心 | 2010 年第八届中国室内设计双年展银奖 |
| 大洋鹭洲 | 2010 年第八届中国室内设计双年展铜奖 |
| 素丽娅泰水疗会所 | 2010 年亚太室内设计双年展大奖赛商业空间设计银奖 |
| 中联江滨御景会所 | 2010 年亚太室内设计双年展大奖赛商业空间设计优秀奖 |
| 繁都魅影 | 2010 年亚太室内设计双年展大奖赛住宅空间设计银奖 |
| 繁都魅影 | 2010 年亚洲室内设计大奖赛铜奖 |
| 中央美苑 | 2010 年海峡两岸室内设计大赛金奖 |
| 繁都魅影 | 2010 年海峡两岸室内设计大赛金奖 |
| 光·盒中盒 | 2010 年海峡两岸室内设计大赛金奖 |
| 中联江滨御景会所 | 2010 年海峡两岸室内设计大赛银奖 |
| 皇帝洞书院 | 2009 年“尚高杯”中国室内设计大奖赛二等奖（全国商业类第三名） |
| 北湖皇帝洞景区会所 | 2008 年第七届中国室内设计双年展金奖 |
| 国广一叶点房财富中心 | 2007 年福建省室内设计大奖赛一等奖（公建工程类第一名） |
| 国广一叶大家会馆 | 2006 年福建省室内设计大奖赛一等奖（公建工程类第一名） |
| 点房财富中心 | 2007 年“华耐杯”中国室内设计大奖赛二等奖（全国商业类第二名） |
| 大家会馆 | 2006 年第六届中国室内设计双年展金奖 |
| 书香大第销售中心 | 2006 年第六届中国室内设计双年展金奖 |
| 金钻世家某单元房 | 2006 年第六届中国室内设计双年展银奖 |
| 福州金龙门餐厅 | 2006 年第六届中国室内设计双年展银奖 |
| 滨江丽景·美丽园 | 2006 年第六届中国室内设计双年展银奖 |
| 福建电力调度通信中心大楼 | 2006 年第六届中国室内设计双年展铜奖 |
| 金源国际酒店桑拿中心 | 2006 年第六届中国室内设计双年展优秀奖 |
| 大家会馆 | 2006 年“华耐杯”中国室内设计大奖赛优秀奖 |
| 内蒙古呼和浩特市中级人民法院 | 2004 年第五届中国室内设计双年展铜奖 |
| 厦门奥林匹亚中心 | 2004 年第五届中国室内设计双年展铜奖 |
| 福州玖玖丰田汽车 4S 店 | 2004 年第五届中国室内设计双年展优秀奖 |
| 工行河南分行营业科技大楼 | 2004 年第五届中国室内设计双年展优秀奖 |
| 泉州市博物馆 | 2003 年“华耐杯”中国室内设计大奖赛优秀奖 |
| 南平市国税办公大楼 | 2002 年中国建筑工程装饰奖设计单项奖 |
| 沈阳工业学院图书馆 | 2002 年第一届中国青岛设计界室内设计优秀作品奖 |
| 福建奥林匹亚中心 | 2002 年“史丹利杯”中国室内设计大奖赛佳作奖 |
| 厦门日报新闻大厦 | 2002 年全国第四届室内设计大展优秀奖 |
| 福建省迎宾馆 3 号楼 | 2001 年全国第三届室内设计大展优秀奖 |
| 漳州电信枢纽大楼 | 2001 年“巴斯夫杯”中国室内设计大奖赛佳作奖 |
| 福建省迎宾馆 2 号楼 | 2000 年“巴斯夫杯”中国室内设计大奖赛佳作奖 |

另 59 项设计作品荣获福建省室内设计大奖赛一等奖

叶 猛 / Ye Meng

国广一叶装饰机构副总设计师
国家一级注册建筑师
国家一级注册建造师
中国建筑学会室内设计分会会员
福建工程学院建筑与规划系讲师
福州大学建筑系学士
中南大学土建学院建筑学硕士

Deputy Chief Architect of Guoguangyiye Decoration Group
First-Class Registered Architect (PRC)
Registered Constructor (PRC)
Member of Institute of Interior Design of Architectural Society of China
Lecturer of Architecture and Planning Dept., Fujian University of Technology
B. Arch from Fuzhou University
M. Arch from Central South University

## 获奖设计作品

|  |  |
|---|---|
| 阳光理想城 | 2011 年第九届中国国际室内设计双年展金奖 |
| 大洋鹭洲 | 2010 年第八届中国室内设计双年展铜奖 |
| 繁都魅影 | 2010 年亚洲室内设计大奖赛铜奖 |
| 福建工程学院建筑系新馆 | 2009 年中国室内空间环境艺术设计大赛一等奖 |
| 福建工程学院建筑系新馆 | 2009 年福建室内与环境设计大奖赛公建工程类最高奖 |
| 文化主题酒店 | 2008 年福建省第六届室内与环境设计大赛一等奖 |
| 旗山文城 | 2008 年福建省第六届室内与环境设计大赛一等奖 |
| 另类博弈 | 2008 年第六届现代装饰年度办公空间大奖入围奖 |
| 点房财富中心 | 2007 年“华耐杯”中国室内设计大奖二等奖 |
| 翻阅古朴 | 2007 年福建省第五届室内设计与环境大赛一等奖 |
| 大家会馆 | 2006 年第六届中国室内设计双年展金奖 |
| 福建电力调度通信中心大楼 | 2006 年第六届中国室内设计双年展铜奖 |
| 金钻世家某单元房 | 2006 年第六届中国室内设计双年展银奖 |
| 漳州电信枢纽大楼 | 2001 年“巴斯夫杯”中国室内设计大奖赛佳作奖 |

……

另出版《建筑外观细部图典》、《室内设计图像模型》等著作数十种

# 前 言 PREFACE

国广一叶装饰机构，作为“1989～2009年全国十大室内设计企业”（中国建筑学会室内设计分会颁发）、“1988～2008年中国室内设计十佳设计机构”（中国室内装饰协会颁发）、“2012年中国十大品牌酒店设计机构”（中外酒店论证颁发），“1997～2007年中国十大家装企业”（中国建筑装饰协会颁发）及“福建省著名商标”，荣获国际、国家及省市级设计大奖上千项，十余位设计师被评为国家级优秀设计师、福州市优秀设计师，45名在职设计师荣获历届福建省、福州市室内设计一等奖（最高奖），首席设计师叶斌两次荣获“中国十大室内设计师”称号，副总设计师叶猛被评为“1989～2009年中国优秀设计师”等。这些荣誉的获得和国广一叶装饰机构自身的水准有关。国广一叶装饰机构拥有大批量高水准的室内设计专业效果图，这些效果图将设计师的设计意图淋漓尽致地表现出来，是设计师与绘图师共同努力的结晶，其制作水平与项目设计的成败有密切的关系。

自2004年至今，国广一叶装饰机构在福建科学技术出版社已陆续出版了9套模型系列图书，一直受到广大读者的支持与厚爱。为了不辜负广大读者的期望，我们继续推出了《2013家居空间模型集成》和《2013公共空间模型集成》系列图书。这些系列图书汇集了国广一叶2012～2013年制作的1500多个风格各异、手法时尚的室内设计作品及其对应的3ds Max场景模型文件，可作为读者做室内设计时的有益参考。

本书配套光盘的内容包含效果图、原始3ds Max模型和使用到的所有贴图文件。由于3ds Max软件不断升级，此次的模型我们采用3ds Max 2009版本制作。模型按图片顺序编排，易于查阅调用。只有能对模型进一步调整才能体现其价值和生命力，因此提供的3ds Max模型是真正有价值、可随时提取调整用的部分。必须说明的是，书中收录的效果图均为原始模型经过lightscape渲染和photoshop后处理过的成图，是为读者了解后处理效果提供直观准确的参考，与3ds Max直接渲染的效果有一定区别。

著 者

2013年2月

Having acquired thousands of international, national and provincial design awards including “Top 10 Interior Design Companies in China (1989~2009)”, “Top 10 China Interior Design Institutions (1988~2008)” , “2012 China Top 10 Hotel Design Institutions”, “China Top 10 Home Decoration Enterprises (1997~2007)” and “Well-Known Brand of Fujian”, Guoguangyiye Decoration Group has a dozen of outstanding architects with honor of “National Excellent architect of China/Fuzhou” and 45 architects have won top prize of provincial and municipal interior design award. The chief architect Mr. Ye Bin has been awarded twice “China Top 10 Interior Design Architect” and Mr. Ye Meng was awarded “Outstanding Architect of China (1989~2009)”. Naturally these achievements have been accomplished because of the high level interior designs of Guoguangyiye, but obviously cannot be attained without high level professional effect drawing that presents the design intent of architects incisively and vividly. Therefore as a product of the collective efforts of architect and graphic designer, it is closely related to the success of project design.

Since 2004, Guoguangyiye has published nine series of books on design model database with Fujian Science and Technology Press and all of them have gained wide popularity by their richness and practicality. Therefore, this year we will Gontinue to publish *2013 Home Space Models Integration* and *2013 Public Space Models Integration*. This new series consists of over 1500 chic 3ds Max scenario models of various style interior designs created by Guoguangyiye during 2012~2013. Being a model database, they could also be used as beneficial references for interior design.

The enclosed CD contains original 3ds Max models of decoration effect drawings and all the map files used in order to create them. Due to the continuous upgrading of 3ds Max software, version 2009 was adopted in the drawing of these models which are arranged in the order of the pictures to make them easily accessible. Since as only models that can be further adjusted are valuable, the 3ds Max moulds provided are all of true value and readily available. It should be noted that, all the effect drawings in the books are pictures rendered by lightscape and dealt with by Photoshop, to give an intuitive and precise reference for readers on the after effects which are different from those rendered directly by 3ds Max.

February 2013

# 目录 CONTENTS

005 新古典风格 NEOCLASSICISM STYLE

103 新中式风格 NEW CHINESE STYLE

新古典风格
NEOCLASSICISM
STYLE

001

002

004

005

007

008

009

010

011

012

013

014

016

017

018

019

020

021

022

023

024

025

026

027

028

030

031

032

034

035

036

037

038

039

041

042

043

044

045

046

048

049

050

051

052

053

054

055

056

057

058

0 9

060

061

062

064

065

066

067

068

069

070

071

073

075

076

077

078

079

080

081

082

084

085

086

088

089

090

091

092

093

094

095

096

097

098

099

100

101

102

103

104

105

106

107

108

109

110

111

112

113

114

115

116

118

119

120

121

122

123

124

125

126

127

128

129

130

131

132

133

134

135

136

137

138

139

140

141

142

143

145

146

147

148

149

150

151

152

153

154

155

156

157

158

159

161

162

163

164

165

166

167

168

169

170

171

172

173

174

# 新中式风格

# NEW CHINESE STYLE

175

176

177

178

179

180

181

182

183

184

185

186

187

188

189

191

192

193

194

195

196

197

198

199

200

202

203

204

205

206

207

208

209

210

211

212

213

214

215

217

218

219

220

221

222

223

224

225

226

227

229

230

231

232

233

234

235

236

237

238

239

240

241

242

243

245

246

244

247

248

249

250

251

252

253

254

256

257

258

259

260

261

262

263

264

265

266

267

268

269

270

271

272

273

274

275

276

277

278

279

280

281

282

283

284

285

286

287

288

289

290

291

292

293

294

296

295

297

298

299

300

301

302

303

304

305

306

307

308

309

310

图书在版编目（CIP）数据

2013家居空间模型集成．新古典、新中式风格／叶斌，叶猛著．—福州：福建科学技术出版社，2013.4
ISBN 978-7-5335-4236-8

Ⅰ．①2… Ⅱ．①叶… ②叶… Ⅲ．①室内装饰设计-图集 Ⅳ．①TU238-64

中国版本图书馆CIP数据核字(2013)第037702号

书　　名　2013家居空间模型集成　新古典　新中式风格
著　　者　叶斌　叶猛
出版发行　海峡出版发行集团
　　　　　福建科学技术出版社
社　　址　福州市东水路76号（邮编350001）
网　　址　www.fjstp.com
经　　销　福建新华发行（集团）有限责任公司
印　　刷　恒美印务(广州)有限公司
开　　本　635毫米×965毫米　1/8
印　　张　22
图　　文　176码
版　　次　2013年4月第1版
印　　次　2013年4月第1次印刷
书　　号　ISBN 978-7-5335-4236-8
定　　价　228.00元(附赠6DVD-ROM)
书中如有印装质量问题，可直接向本社调换